SOCIÉTÉ DES HOUILLÈRES DE RONCHAMP

(Haute-Saône)

EXTRAIT du Décret du 13 Août 1911

PORTANT

RÈGLEMENT GÉNÉRAL

SUR

L'EXPLOITATION

DES

Mines de Combustibles

DESTINÉ AU PERSONNEL OUVRIER

MONTBÉLIARD
Société Anonyme d'Imprimerie Montbéliardaise

1917

PORTANT

RÈGLEMENT GÉNÉRAL

SUR

L'EXPLOITATION DES MINES DE COMBUSTIBLES

DESTINÉ AU PERSONNEL OUVRIER

TITRE PREMIER

INSTALLATIONS DE LA SURFACE

SECTION PREMIÈRE

Dispositions Générales

ARTICLE 2. — Les carreaux des mines doivent être efficacement séparés des propriétés voisines par des murs, clôtures ou fossés.

Il est interdit d'y circuler sans autorisation de l'exploitant.

ARTICLE 4. — Nul ne peut pénétrer dans les bâtiments et locaux de service s'il n'y est appelé par son emploi ou autorisé par l'exploitant.

ARTICLE 6. — . . . .

Les travaux dans les puisards, conduites de gaz, canaux de fumée, fosses d'aisances, cuves ou appareils quelconques pouvant contenir des gaz délétères ne sont entrepris qu'après que l'atmosphère a été assainie par une ventilation efficace, à moins qu'il ne soit fait usage d'appareils respiratoires.

ARTICLE 9. — Les ouvriers ou employés ne doivent pas prendre leur repas dans les locaux affectés au travail, à moins d'une autorisation spéciale donnée par le service local.

ARTICLE 10. — . . . .

Les cabinets d'aisances sont tenus constamment propres : il est interdit de les salir.

ARTICLE 13. — Les moteurs mécaniques de toute nature ne doivent être accessibles qu'aux ouvriers affectés à leur surveillance. Ils sont isolés par des cloisons ou barrières de protection.

Les échafaudages sont munis, sur toutes leurs faces, de garde-corps rigides de 90 centimètres au moins, à moins que les ouvriers ne fassent usage de ceinture de sûreté.

ARTICLE 15. — . . . .

Sauf le cas d'arrêt du moteur, le maniement des courroies est toujours fait par le moyen de systèmes tels que monte-courroie, porte-courroie, évitant l'emploi direct de la main.

ARTICLE 16. — La mise en train et l'arrêt des machines d'atelier doivent être toujours précédés d'un signal convenu.

ARTICLE 17. — L'appareil d'arrêt des machines motrices d'atelier doit toujours être placé sous la main des conducteurs qui dirigent ces machines et en dehors de la zone dangereuse.

Les contremaîtres ou chefs d'atelier, les conducteurs de machines telles que les machines-outils, doivent avoir à leur portée le moyen de demander l'arrêt des moteurs.

Chacune de ces machines est, en outre, installée de manière que le conducteur puisse l'isoler de la commande qui l'actionne.

ARTICLE 18. — Il est interdit de nettoyer et de graisser pendant la marche les transmissions et mécanismes dont l'approche serait dangereuse.

En cas de réparation d'un organe mécanique quelconque, son arrêt doit être assuré par un calage convenable de l'embrayage ou du volant ; il en est de même pour les opérations de nettoyage qui exigent l'arrêt des organes mécaniques.

ARTICLE 19. — Les ouvriers et ouvrières qui ont à se tenir près des machines doivent porter des vêtements ajustés et non flottants.

ARTICLE 20. — Il est interdit de préposer à la conduite des chaudières et des machines motrices à vapeur des ouvriers de moins de dix-huit ans.

SECTION II

Installations électriques

ARTICLE 25. — Les installations électriques doivent comporter des dispositifs de sécurité en rapport avec la plus grande tension de régime existant entre les conducteurs et la terre.

Suivant cette tension, les installations électriques seront classées en deux catégories:

Première catégorie :

A. Courant continu. — Installations dans lesquelles la plus grande tension de régime entre les conducteurs et la terre ne dépasse pas 600 volts.

B. Courant alternatif. — Installations dans lesquelles la plus grande tension efficace entre les conducteurs et la terre ne dépasse pas 150 volts.

Deuxième catégorie :

Installations comportant des tensions respectivement supérieures aux tensions ci-dessus.

ARTICLE 31. — Les salles des machines génératrices d'électricité et les sous-stations doivent posséder un éclairage de secours continuant à fonctionner en cas d'arrêt du courant.

ARTICLE 33. — Aucun travail n'est entrepris sur des conducteurs de la première catégorie en charge, sans que des précautions suffisantes assurent la sécurité de l'opérateur.

ARTICLE 35. — Il est formellement interdit de faire exécuter aucun travail sur les lignes électriques de la deuxième catégorie, sans les avoir au préalable coupées de part et d'autre de la section à réparer. La communication ne peut être rétablie que sur l'ordre exprès du chef de service ; ce dernier doit avoir été au préalable avisé par chacun des chefs d'équipe que le travail est terminé et que le personnel ouvrier est réuni au point de ralliement fixé à l'avance.

Pendant toute la durée du travail, la coupure de la ligne doit être maintenue par un dispositif tel que le courant ne puisse être rétabli que sur l'ordre du chef de service.

Dans les cas exceptionnels où la sécurité publique exige qu'un travail soit entrepris sur des lignes en charge de la deuxième catégorie, il ne doit y être procédé que sur l'ordre exprès du chef de service et avec toutes les précautions de sécurité qu'il indiquera.

ARTICLE 36. — Il est interdit de faire exécuter des élagages ou des travaux analogues pouvant mettre directement ou indirectement le personnel en contact avec ses conducteurs ou pièces métalliques de la deuxième catégorie sans avoir pris des précautions suffisantes pour assurer la sécurité du personnel par des mesures efficaces d'isolement.

TITRE II

PUITS ET GALERIES DÉBOUCHANT AU JOUR

PUITS INTÉRIEURS

SECTION PREMIÈRE

Dispositions Générales

ARTICLE 43. —

Dans tout puits où se fait, par cages guidées, l'extraction, le service des remblais ou la circulation du personnel, les barrières aux étages en service normal seront munies de dispositifs tels que leur fermeture soit assurée par des moyens automatiques ou par enclenchement, tant que la cage n'est pas à la recette. Les barrières des autres recettes seront, à défaut de fermetures automatiques et par enclenchement, soit cadenassées, soit tenues fermées et gardées par un ouvrier spécialement commissionné à cet effet. Les dispositions qui précèdent sont applicables aux balances ou monte-charges souterrains sauf aux étages inférieurs, lorsqu'il n'y a pas au-dessous de vides dangereux.

ARTICLE 44. — Toute recette, à la surface et au fond, doit être munie, dans les puits non guidés, d'une barre en fer solidement fixée, qui puisse servir de point d'appui au receveur pendant les manoeuvres.

ARTICLE 45. — Les ouvriers effectuant des manoeuvres, soit entre les barrières et le puits, soit aux abords des puits, en cas de suppression momentanée des barrières, doivent être munis de ceintures de sûreté.

ARTICLE 46. — Tout puits dont la profondeur est telle que la communication à la voix ne puisse s'effectuer régulièrement, doit être muni de moyens de communication permettent l'échange de signaux entre chaque recette et la surface.

Les signaux à échanger pour les diverses manoeuvres son affichés d'une façon permanente tant à la surface qu'au fond.

Ils doivent être établis de façon à éviter toute confusion entre ceux qui se rapportent aux diverses recettes.

ARTICLE 48. — Pendant toute la durée du service, la recette à la surface, la nuit et les recettes intérieures doivent être bien éclairées par des lumières fixes.

ARTICLE 50. — Les réparations dans les puits se font au moyen d'une cage, d'une benne ou d'un plancher de travail, établi dans les conditions qui garantissent les ouvriers contre les chûtes.

A défaut d'un dispositif satisfaisant à ces conditions, aucun travail de réparation ne pourra être exécuté sans l'emploi, par les ouvriers, d'une ceinture de sûreté.

ARTICLE 51. — Les treuils mus à bras d'homme doivent être munis d'un cliquet ou d'un appareil équivalent ; les manèges d'un frein ou d'une fourche traînante ; les treuils à moteur mécanique, de dispositifs permettant d'immobiliser les câbles.

SECTION II

Circulation dans les puits

ARTICLE 55. — Il est interdit dans la circulation par les échelles de porter à la main, la lampe exceptée des outils et objets lourds quelconques qui, par leur chute pourraient produire des accidents.

Ces outils et objets doivent être fixés au corps ou portés dans un sac solidement fixé aux épaules.

Si des échelles sont temporairement hors d'usage, des dispositions sont prises pour que nul ne puisse y circuler sauf pour les réparer.

ARTICLE 56. — Une consigne, qui sera affichée en permanence aux abords du puits, fixe les conditions de la circulation du personnel et, notamment, le nombre de personnes qui peuvent être transportées par cordées : les heures d'entrée et de sortie ; les mesures auxquelles les ouvriers doivent se soumettre pour le maintien de la sécurité et du bon ordre ; les conditions de la circulation des enfants au-dessous de 16 ans ; la vitesse maximum de translation, et s'il y a lieu, les points de ralentissement.

En aucun cas, la vitesse de translation ne doit dépasser 10 mètres par seconde. Si la circulation s'effectue exclusivement par un câble, il en est fait mention dans la consigne.

Des signaux spéciaux doivent être faits en cas de translation du personnel et notamment pour éviter les mouvements prématurés de la cage.

ARTICLE 57. — A chaque recette, l'entrée et la sortie du personnel s'opèrent sous la surveillance d'un préposé spécialement désigné à cet effet ; les ouvriers sont tenus de se conformer à ses instructions.

Aux recettes intérieures, une chaîne est placée à hauteur de ceinture, à 2 mètres, au moins des bords du puits ; les ouvriers ne peuvent la dépasser que lorsque leur tour sera venu de monter dans la cage.

ARTICLE 58. — Pendant la circulation du personnel par un des câbles, l'autre câble ne peut être utilisé que pour le transport du personnel ou du matériel vide.

Toutefois, des dérogations à cette prescription peuvent être accordées par le service local lorsqu'elles sont nécessitées par l'équilibrage des charges.

La cage descendant le personnel ne peut contenir, en outre des ouvriers, que leurs outils et des wagons vides : celle par laquelle remonte le personnel ne peut contenir des wagons chargés aux mêmes étages que le personnel.

ARTICLE 59. — Le service de la machine, pendant tout le temps que dure la circulation du personnel, est assuré par un mécanicien et un aide-mécanicien.

Lorsque cette circulation est peu importante ou exceptionnelle, il suffit que le mécanicien, tout le temps qu'elle dure, soit assisté d'une personne capable d'arrêter le mouvement de la machine en cas de besoin. Il en est de même dans les puits en fonçage.

Les dispositions du présent article ne s'appliquent pas aux appareils d'extraction pourvus de dispositifs automatiques tels que la vitesse de la cage à l'arrivée au jour ne puisse dépasser 1 mètre par seconde et que la cage ne puisse monter jusqu'aux molettes.

ARTICLE 60. — Durant toute circulation du personnel, il est interdit aux receveurs des recettes ainsi qu'aux mécaniciens de quitter leur poste pour quelque motif que ce soit. Le mécanicien doit pouvoir à tout instant agir sur le levier de changement de marche, le régulateur ou le frein : le frein doit être serré pendant que la cage est à la recette.

ARTICLE 62. — Dans les puits non guidés, le personnel ne peut circuler que sur le fond des bennes, à moins d'être relié par une ceinture de sûreté au câble ou au dispositif de suspension.

La ceinture de sûreté est obligatoire dans tous les cas lorsqu'on emploie des bennes de 80 centimètres de profondeur.

ARTICLE 63. — Dans les puits en fonçage, les bennes non guidées ne peuvent jamais être remplies à plus de 20 centimètres du bord.

Les objets qui dépassent le bord de la benne doivent être attachés aux chaînes ou aux câbles.

TITRE III

PLANS INCLINÉS

ARTICLE 64. — Les poulies des plans inclinés automoteurs doivent être munies d'un frein à contrepoids normalement serré ; il est interdit de caler l'appareil dans la position de desserrage.

Les treuils des plans inclinés avec moteurs et ceux des descenderies sont disposés conformément aux prescriptions de l'article 51.

Des dispositions doivent être prises pour éviter que le freineur, à sa place de manœuvre, puisse être atteint, soit par les wagons qu'il manœuvre, soit par les câbles en mouvement.

ARTICLE 65. — La recette supérieure du plan et les recettes intermédiaires sont normalement fermées par des taquets barrières, chaînes ou traverses, de manière à prévenir la chute des hommes et à empêcher les véhicules de pénétrer inopinément sur le plan ; les wagons ne doivent pouvoir être mis en mouvement que sous l'impulsion volontaire de l'ouvrier chargé de leur manœuvre.

Les crochets d'attelage sont disposés de façon à ne pas se détacher pendant la marche.

ARTICLE 66. — Les galeries dans lesquelles débouchent des plans inclinés, des descenderies ou des cheminées, doivent être protégées par des moyens appropriés, de façon que les hommes qui s'y trouvent ne puissent être atteints par des wagons ou autres objets.

Dans les descenderies en fonçage ou dans les plans inclinés en remblayage, des dispositions sont prises pour arrêter les dérives de wagons.

ARTICLE 67. — Il est interdit aux ouvriers de la recette supérieure de placer les wagons sur les rails des plans inclinés ou de les disposer de façon qu'ils puissent aisément passer sur les rails, avant d'avoir accroché les wagons au câble à moins que le plan ne soit muni de dispositifs de nature à empêcher la marche en dérive des wagons non attelés.

Il est interdit aux ouvriers de la recette inférieure ou des recettes intermédiaires de se tenir dans le plan ou au fond du plan pendant la circulation des wagons ; ils doivent se placer soit dans une galerie transversale, soit, à défaut, dans des abris spéciaux disposés à cet effet.

Il est défendu de circuler par les wagons ou chariots-porteurs des plans inclinés et des descenderies, à moins d'une autorisation du service local fixant les conditions de la circulation.

Cette interdiction ne s'applique pas au transport des malades et des blessés.

ARTICLE 68. — A moins que la communication à la voix ne donne lieu à aucune incertitude, tout plan incliné doit être muni de moyens spéciaux de communication entre les diverses recettes et le freineur ou le mécanicien, et inversement.

Une consigne fait connaître les signaux à employer suivant le cas.

ARTICLE 69. — Il est interdit de circuler sur les plans inclinés à chariot-porteur autrement que pour les traverser.

Sur les autres plans inclinés affectés au roulage, la circulation est réglée par une consigne approuvée par l'ingénieur en chef des mines.

La même consigne fixe les conditions dans lesquelles on peut traverser les plans.

ARTICLE 70. — Lorsqu'un wagon a déraillé ou est arrêté par un accident quelconque, les mesures nécessaires seront prises par les freineurs ou mécaniciens, ainsi que par les receveurs d'amont, pour qu'il ne puisse se mettre en marche de lui-même ; la mise en mouvement ne doit avoir lieu qu'après que tous les hommes employés au relevage et la manœuvre seront en sûreté.

ARTICLE 71. — Dans les plans dont l'inclinaison est supérieure à 45 degrés, on ne peut procéder à des travaux de réparation que sur des planchers ou à l'aide d'une ceinture de sûreté.

ARTICLE 72. — Lorsque le personnel devra circuler normalement par des voies inclinées à plus de 25 degrés, ces voies, si elles ne sont pas taillées en escaliers ou munies d'échelles, doivent être munies d'un câble ou d'une barre fixe pouvant servir de rampe.

Si l'inclinaison dépasse 45 degrés, les voies seront munies de paliers de repos.

TITRE IV

ROULAGE EN GALERIES

ARTICLE 73. — Des mesures doivent être prises pour que les wagons en stationnement dans les galeries ne partent pas en dérive et que les wagons en marche ne prennent pas une vitesse dangereuse.

ARTICLE 74. — Il est interdit aux rouleurs de se mettre en avant de leurs wagons pour en modérer la vitesse dans les voies en pente, ainsi que d'abandonner les wagons à eux-mêmes sur de pareilles voies.

Dans les galeries basses, les rouleurs doivent manœuvrer les wagons à l'aide de crochets, de poignées en fer ou de tout autre dispositif qui puisse garantir leurs mains contre des blessures.

ARTICLE 75. — Il est interdit de monter sur les wagons des trains affectés au transport du charbon : exception peut être faite pour le personnel des trains par une consigne de l'ingénieur de la mine.

Lorsque le personnel est transporté par wagons isolés ou en trains, une consigne de l'exploitant, approuvée par l'ingénieur en chef des mines fixe les mesures à observer pour le bon ordre et la sécurité.

ARTICLE 76. — Sauf dans les galeries éclairées en permanence, une lampe doit être placée à l'avant du train, à moins que le conducteur ne doive précéder le train avec une lampe à la main.

ARTICLE 77. — Il est interdit de remettre sur rails un wagon déraillé avant d'avoir dételé le cheval ou, en cas de traction mécanique, avant d'avoir obtenu l'arrêt du moteur.

ARTICLE 80. — La traction par locomotives à l'intérieur de la mine et la traction électriques ne peuvent avoir lieu que conformément à une consigne, approuvée par l'ingénieur en chef des mines et réglant les conditions de la circulation des trains et de celle du personnel.

TITRE V

MACHINES ET CABLES

Article 81. — Les dispositions des articles 18, 19 et 20 sont applicables aux intallations du fond comme à celles du jour. Celles des articles 13 et 15 sont en outre applicables aux machines fixes installées au fond à demeure, telles que pompes d'épuisement, compresseurs fixes, treuils de puits intérieurs.

Article 88. — Les appareils servant à l'extraction, tels que les cages, les freins et les parachutes, doivent faire l'objet d'un examen attentif et journalier.

Chaque jour, avant la descente normale du personnel, il est fait une cordée d'essai à pleine charge dans chaque sens entre les recettes extrêmes en service. Pendant ces cordées d'épreuves, les indicateurs de position des cages sont vérifiés et les câbles examinés.

Si quelque défaut est révélé, la circulation du personnel ne peut commencer avant qu'il y ait été porté remède.

Une visite détaillée des câbles et des appareils servant à l'extraction, avec essai du parachute, est faite une fois au moins par semaine par un agent compétent, qui consigne les résultats de sa visite sur le registre spécial prévu à l'article précédent.

Article 89. — Tout câble doit, avant d'être mis en service pour la circulation normale du personnel :

1° Avoir subi des essais de rupture par traction, les fils des câbles métalliques devant en outre être soumis à des essais appropriés, notamment par pliage ;

2° Avoir servi au moins pendant vingt voyages à pleine charge et avoir été reconnu en bon état. Pareille épreuve sera faite pendant quatre voyages au moins, après chaque coupage à la patte ou renouvellement de l'attelage.

Article 93. — Un câble rendu suspect par son état apparent, notamment, s'il est métallique, par le nombre de ses fils cassés ou rouillés, ne peut, en aucun cas, être maintenu en service.

Il est interdit d'employer pour la circulation normale du personnel un câble changé de face pour cause de fatigue.

Article 94. — Les câbles épissés doivent, avant d'être mis en service, être essayés pendant vingt voyages au moins à pleine charge : après cet essai, le bon état de l'épissure doit être constaté ; mention en est faite au registre prévu.

TITRE VI

TRAVAIL AU CHANTIER

Article 96. — Dans tout chantier, ou dans tout travail fait simultanément par plusieurs ouvriers, le chef de chantier ou à défaut de chef de chantier, l'ouvrier le plus âgé doit, en cas de danger, faire évacuer le chantier, avertir immédiatement les agents de surveillance, et jusqu'à leur arrivée, garder ou barrer l'entrée du chantier pour en interdire l'entrée.

Article 97. — Les ouvriers ne doivent pas quitter leur chantier avant d'en avoir assuré la solidité.

Article 99. — Il est interdit de faire travailler isolément un ouvrier dans les points où, en cas d'accident, il n'aurait pas à très bref délai quelqu'un pour le secourir.

Article 100. — Il est interdit aux ouvriers de parcourir, sans permission spéciale, d'autres voies que celles qu'ils ont à suivre pour se rendre au chantier ou pour exécuter leur travail.

Article 101. — Dans les mines où l'emploi des lampes de sûreté est obligatoire, il est interdit de fumer et d'y apporter des pipes, du tabac à fumer, du papier à cigarettes, des allumettes ou tous autres engins et matières pouvant produire de la flamme ainsi que tout outil pouvant servir à ouvrir indûment les lampes.

Les surveillants et agents assermentés sont autorisés à visiter avant la descente du personnel les vêtements, paniers et sacs des ouvriers pour constater que ceux-ci ne portent pas d'objets interdits par le présent article.

Article 102. — Les chantiers doivent être organisés de façon que tous les ouvriers occupés à un même chantier se comprennent entre eux.

Tous les surveillants, employés et ouvriers occupés à des opérations intéressant la sécurité collective (encageurs pour le personnel machinistes, etc.), doivent comprendre et parler couramment le français.

ARTICLE 103. — Tout chef de chantier, tout ouvrier travaillant isolément doit connaître suffisamment de français pour comprendre son surveillant, à moins que ce surveillant ne puisse lui-même se faire comprendre clairement dans une autre langue de ce chef de chantier ou de cet ouvrier.

ARTICLE 104. — Le soutènement doit être exécuté conformément à des règles générales fixées par l'exploitant sans préjudice des mesures spéciales qui pourraient être nécessitées par l'état du chantier.

Les parties du front de taille où l'on continue à travailler après qu'elles ont été sous-cavées, doivent être convenablement consolidées ou soutenues.

ARTICLE 106. — Les chantiers ou galeries poussées vers des points où l'on peut craindre l'existence d'amas d'eau ou de remblais aquifères doivent être précédés de trous de sonde divergents de 3 mètres de longueur au moins.

Si des dégagements de gaz inflammables sont à redouter, les ouvriers doivent être munis de lampes de sûreté.

TITRE VII

AÉRAGE

SECTION PREMIÈRE

Dispositions Générales

ARTICLE 115. — Les travaux doivent être disposés de manière à réduire le nombre des portes pour diriger ou diviser le courant d'air.

Dans les galeries très fréquentées, on ne doit employer que des portes multiples, convenablement espacées ; des mesures doivent être prises pour que l'une au moins de ces portes soit toujours fermée.

Il en est de même pour toute porte dont l'ouverture intempestive pourrait apporter des perturbations dans un ou plusieurs des courants d'air principaux.

Les portes doivent se refermer d'elles-mêmes.

Celles qui sont temporairement sans usage doivent être enlevées de leurs gonds.

Il est interdit de caler dans la position d'ouverture une porte d'aérage en service sauf pendant la durée du passage d'un convoi.

Toute personne qui a ouvert une porte doit la refermer ; au cas où une porte ouverte ne peut être refermée, les agents de la surveillance doivent en être avertis.

ARTICLE 118. — Les voies et les travaux abandonnés, ou non aérés, doivent être rendus inaccessibles aux ouvriers.

SECTION II

Dispositions spéciales aux mines à grisou

ARTICLE 119. — Les mines à grisou sont classées comme mines franchement grisouteuses ou comme mines faiblement grisouteuses.

ARTICLE 122. — Les cloches se produisant aux toits des chantiers et galeries, seront soigneusement remblayées, à moins qu'elles ne soient convenablement aérées et qu'elles ne soient visitées.

Dans les mines franchement grisouteuses, les remblais doivent être aussi imperméables que possible à l'air et serrés contre le toit.

ARTICLE 124. — . . . .

Toute mine faiblement grisouteuse doit être munie d'un ventilateur au moins ; le ventilateur ne peut être arrêté que sur l'ordre et suivant les conditions fixées par l'ingénieur de la mine.

ARTICLE 125. — Tout arrêt accidentel d'un ventilateur doit être immédiatement signalé à l'ingénieur de la mine ou, en son absence, à l'agent de surveillance le plus élevé en grade, présent à la mine, qui prend immédiatement les mesures nécessaires pour assurer la sécurité du personnel et fait, s'il y a lieu, évacuer la mine. Si la mine a été évacuée, la rentrée des ouvriers ne peut avoir lieu que sur l'ordre et dans les

conditions fixées par l'ingénieur de la mine, le tout sans préjudice des dispositions prévues à l'article 130 ci-après.

Lorsque la ventilation mécanique a été suspendue plus d'une heure pendant un chômage de l'exploitation, la rentrée du personnel aura lieu dans les conditions prévues au paragraphe précédent.

ARTICLE 130. — Tous les chantiers des mines franchement grisouteuses doivent être visitées tous les jours avant la reprise du travail, à la lampe de sûreté à flamme.

Dans les mines faiblement grisouteuses, cette visite peut n'être faite que le lendemain des jours de chômage et après un arrêt de la ventilation.

Les visites sont faites par un agent spécialement désigné, dans les conditions fixées par une consigne de l'ingénieur de la mine.

Cette consigne indique, s'il y a lieu, les points que les ouvriers ne peuvent franchir avant que la visite ait été effectuée. Ces points sont indiqués dans la mine par des marques apparentes.

Les résultats de la visite sont consignés dans des registres spéciaux.

ARTICLE 131. — Les prescriptions de l'article 130 relatives aux mines faiblement grisouteuses doivent, dans les mines non grisouteuses, être appliquées aux quartiers suspects. Sont considérées notamment comme suspects les travaux se dirigeant vers des régions mal connues ou connues comme dangereuses.

ARTICLE 132. — Sauf pour l'exécution des travaux indispensables en cas de sauvetage ou de danger imminent, il est interdit de travailler, de circuler ou de séjourner dans les points de la mine où le grisou marque à la lampe d'une façon dangereuse.

Est, en tout cas, considérée comme dangereuse une teneur de grisou supérieure à 2 %.

Une consigne de l'ingénieur de la mine fixe les indications de la lampe d'après lesquelles le chantier doit être évacué.

Si, en cas de sauvetage ou de danger imminent, il est nécessaire de travailler dans le grisou, les travaux ne peuvent être exécutés que d'après les indications directes de l'ingénieur par des ouvriers de choix, sous la surveillance et en la présence continue d'un préposé spécial.

ARTICLE 133. — Les ouvriers sont tenus de surveiller l'état de l'atmosphère de leur chantier, notamment à chaque reprise du travail. Si le grisou marque à la lampe d'une façon dangereuse, ils évacuent immédiatement le chantier et avertissent les agents de la surveillance.

Lorsqu'il est fait usage de lampes électriques portatives, il est mis à la disposition des ouvriers une lampe de sûreté à flamme par chantier.

ARTICLE 134. — Des mesures immédiates doivent être prises pour assainir tout chantier où la présence du grisou a été signalée en quantité dangereuse.

Jusqu'à ce qu'il ait été assaini, l'accès du chantier est interdit par une fermeture efficace.

En attendant que cette fermeture ait pu être posée, l'accès est interdit par deux bois placés en croix.

Nul, sans ordre spécial, en dehors des ingénieurs et surveillants, ne peut pénétrer dans un chantier interdit.

ARTICLE 135. — Lorsque les chantiers sont dirigés vers d'anciens travaux ou vers des régions dans lesquelles on peut craindre des amas de grisou, ils doivent être précédées de sondages.

Dans le cas où le trou de sonde dénote la présence du grisou, les ouvriers arrêtent le travail, évacuent le chantier en plaçant à son entrée le signal d'interdiction, et préviennent un agent de la surveillance.

ARTICLE 136. — Les accumulations accidentelles de grisou ne doivent être dissipées qu'avec la plus grande prudence et seulement lorsqu'on a la certitude de ne pas créer un danger sur le parcours de sortie. L'ingénieur de la mine dirige lui-même ces opérations ou délègue un surveillant pour les faire exécuter d'après ses instructions.

ARTICLE 140. — Aucune modification ne peut être introduite dans les dispositions générales de l'aérage d'une mine sans l'ordre de l'ingénieur.

Toutefois, en cas d'urgence, les agents de la surveillance peuvent prendre les mesures immédiates nécessaires en en référant de suite à l'ingénieur.

Il est interdit d'obstruer entièrement ou partiellement un courant d'air.

TITRE VIII

Dispositions spéciales contre les poussières

ARTICLE 141. — Les mines de combustibles sont classées en trois catégories suivant les dangers qu'elles présentent en raison des poussières.

ARTICLE 142. — Les dispositions prévues pour la ventilation des mines faiblement grisouteuses par l'article 124 sont applicables aux mines poussiéreuses de première et deuxième catégories.

Dans ces mines, l'effectif occupé simultanément par quartier d'aérage indépendant ne peut dépasser 150 personnes.

Dans toutes les communications reliant deux quartiers d'aérage, ou des groupes de quartiers dont l'effectif global ne dépasse pas 150 personnes, des dispositions doivent être prises de manière à éviter qu'une explosion de poussières se produisant dans l'un d'eux puisse se propager dans l'autre.

ARTICLE 143. — Dans les mines poussiéreuses de première catégorie, l'emploi de wagons à parois non étanches est interdit pour le transport du charbon ; en vue d'éviter la dissémination des poussières, les wagons chargés de charbon doivent être arrosés avant de circuler dans les voies principales de roulage.

TITRE IX

ÉCLAIRAGE

SECTION PREMIÈRE

Dispositions Générales

ARTICLE 144. — Dans les mines grisouteuses et dans les mines poussiéreuses de première catégorie, ainsi que dans les quartiers suspects visés à l'article 131, il ne peut être fait usage que de lampes de sûreté ; toutefois, sauf dans les mines à dégagements instantanés de grisou, l'emploi de lampes à flamme protégée est autorisée dans la colonne et aux recettes des puits d'entrée d'air.

ARTICLE 145. — Dans les mines non grisouteuses, à défaut de lampes de sûreté, il ne peut être fait usage que de lampes à flamme protégée. A tout siège d'extraction desdites mines, il doit y avoir au moins deux lampes de sûreté à flamme en bon état.

SECTION II

Prescriptions spéciales concernant l'emploi

des lampes de Sûreté

ARTICLE 147. — Les lampes de sûreté doivent être construites en matériaux de première qualité, parfaitement ajustées et constamment entretenues en bon état.

Elles sont munies de fermetures telles que leur ouverture en service ne puisse avoir lieu sans rompre ou fausser tout ou partie des organes sans en laisser des traces apparentes.

Pour les lampes à essence, le réservoir doit être garni de ouate et le remplissage effectué de manière que la lampe remise à l'ouvrier ne laisse pas égoutter d'essence quand on la renverse.

ARTICLE 148. — Le service de la lampisterie doit être assuré par des agents expérimentés et faire l'objet d'une surveillance constante et rigoureuse.

ARTICLE 149. — Chaque lampe porte un numéro distinct.

Avant la descente, la lampe est remise par le lampiste, et sous sa responsabilité, en parfait état, garnie et dûment fermée.

Toute personne qui reçoit une lampe doit s'assurer qu'elle est complète et en bon état ; elle doit refuser celle qui ne paraît pas remplir ces conditions.

ARTICLE 150. — Un agent spécialement désigné vérifie l'état de chaque lampe après la remise par le lampiste et avant l'entrée dans les travaux.

ARTICLE 151. — Un contrôle tenu à la lampisterie, sous la responsabilité du lampiste, doit permettre de connaître le nom de toute personne descendue dans la mine et le numéro de la lampe qui lui a été remise.

ARTICLE 152. — Toute ouverture ou tentative d'ouverture des lampes de sûreté est formellement interdite dans les travaux.

Une lampe éteinte dans la mine, si elle ne peut être rallumée par un rallumeur intérieur, doit être, soit échangée contre une lampe allumée, soit rallumée à la lampisterie au jour ou dans des postes souterrains fixés par une consigne qui doit avoir été approuvée par l'ingénieur en chef des mines.

ARTICLE 153. — Toute lampe qui est détériorée pendant le travail ou dont le tamis vient à rougir doit être immédiatement éteinte et rapportée pour être échangée.

ARTICLE 154. — Inscription immédiate doit être faite de tout échange de lampe.

ARTICLE 155. — Les lampes ne doivent jamais être abandonnées dans les chantiers, même momentanément.

ARTICLE 156. — Il est interdit de rallumer une lampe à l'aide d'un rallumeur intérieur lorsque l'on n'est pas certain de l'absence du grisou et du bon état de la lampe.

ARTICLE 157. — Au sortir de la mine, les lampes sont remises au lampiste qui relève et signale les défectuosités.

Quiconque ne rend pas au lampiste la lampe que celui-ci lui a remise, le prévient des causes et conditions du changement.

SECTION III

Précautions à prendre pour l'emploi de l'essence

ARTICLE 160. — Le nettoyage et le remplissage des lampes ne peuvent être effectués dans le même local.

Les locaux de remplissage doivent être écartés d'au moins dix mètres du bâtiment, du puits ou des bâtiments y attenant. Ils sont séparés des locaux de dépôt, ainsi que de ceux où s'opère la distribution des lampes aux ouvriers.

Ces locaux doivent être convenablement aérés ; il ne doit s'y trouver ni feu ni foyer : il est interdit d'y fumer. Leur éclairage ne peut avoir lieu que par des lampes de sûreté ou des lampes électriques à incandescence.

ARTICLE 161. — La reprise de l'essence au dépôt et son transport au local de remplissage ne peuvent s'effectuer qu'à la lumière du jour, à moins que ce transport ne se fasse par une tuyauterie continue.

ARTICLE 162. — L'essence conservée dans les locaux de remplissage, ne peut être contenue que dans des récipents métalliques à fermeture hermétique d'une capacité maximum de 50 litres.

Dans tous les cas, ces dispositions doivent être prises pour que le remplissage des lampes ne donne lieu à aucune perte d'essence.

ARTICLE 163. — Le démontage, le nettoyage, le graissage et le remontage des rallumeurs ne doivent pas être faits à la même table que le remplissage et la fermeture des réservoirs des lampes.

Les bandes de rallumeurs usées doivent être jetées dans les récipients pleins d'eau.

TITRE X

EXPLOSIFS

SECTION PREMIÈRE

Dispositions Générales

ARTICLE 164. — La distribution des explosifs et des détonateurs dans la mine doit être effectuée conformément à une consigne de l'exploitant, qui ne peut être mise en application qu'après avoir été approuvée par l'ingénieur en chef des mines.

La même consigne, en tenant compte de la nature de l'explosif, fixe les précautions à prendre pour le chargement, le bourrage, l'amorçage et la mise à feu des coups de mine.

ARTICLE 165. — Il est interdit de faire usage d'explosifs, de mèches de sûreté, de détonateurs, d'exploseurs et de bourroirs autres que ceux fournis par l'exploitant.

Les bourroirs doivent être exclusivement en bois.

ARTICLE 166. — Il ne doit être remis aux ouvriers que la quantité d'explosifs et de détonateurs nécessaire au travail de la journée. Si des explosifs ou des détonateurs n'ont pas été utilisés à la fin de la journée, ils sont recueillis dans les conditions qui seront fixées par la consigne prévue à l'article 164.

Il est interdit d'emporter à domicile des explosifs ou des détonateurs.

ARTICLE 167. — An chantier, les explosifs ne peuvent être conservés que dans des coffres fournis par l'exploitant et munis d'une fermeture solide. Les détonateurs doivent être renfermés dans des boîtes ou dans des étuis.

Il est interdit de mettre dans le même coffre des explosifs de nature différente. Les détonateurs doivent toujours êre séparés des cartouches.

Les explosifs et les détonateurs doivent être tenus loin des lampes, de tous foyers à l'abri de toute chûte, des éboulements, de l'explosion des coups de mine, de l'humidité, et de tout choc violent.

ARTICLE 168. — Les explosifs ne peuvent être employés qu'à l'état de cartouches préparées hors des travaux souterrains.

Les cartouches ne doivent être amorcées qu'au moment de leur emploi.

Toute cartouche amorcée et non utilisée doit être séparée de son amorce et mise en lieu sûr.

ARTICLE 169. — Il est interdit d'abandonnr sans surveillance ou sans barrage effectif du chantier un coup de mine chargé ou raté.

ARTICLE 170. — Avant l'introduction de l'explosif, le trou de mine doit être débarrassé de toute poussière charbonneuse.

Les coups de mine doivent être soigneusement bourrés. Il est interdit de mêler des poussières charbonneuses au bourrage.

La hauteur du bourrage ne doit pas être inférieure à 20 centimètres pour les premiers 100 grammes de la charge, avec addition de 5 centimètres pour chaque centaine de grammes ajoutée, sans toutefois qu'il soit nécessaire de dépasser de 50 centimètres.

S'il est fait usage d'explosifs détonants, la détonation de la cartouche est provoquée par une amorce assez énergique pour assurer la détonation de l'explosif, même à l'air libre.

ARTICLE 171. — Aucun coup de mine, qu'il ait été allumé ou non, ne doit être débourré.

ARTICLE 172. — A défaut de l'emploi de l'électricité, l'allumage des coups de mine doit se faire exclusivement au moyen du cordeau détonant ou au moyen de mèches de sûreté.

La longueur de la mèche à employer est fixée par une consigne de l'ingénieur de la mine, suivant la vitesse de combustion des mèches employées et le nombre des coups de mine à tirer simultanément.

En aucun cas, la longueur de la mèche, comptée depuis l'avant de la cartouche antérieure, ne doit être inférieure à 1 mètre et la longueur de la mèche hors du trou à 20 centimètres.

ARTICLE 173. — Aucun coup de mine ne peut être tiré sans que les ouvriers procédant au tir se soient assurés que tous les ouvriers du chantier ou des chantiers voisins pouvant être atteints par l'explosion, sont convenablement garés. Les mesures nécessaires doivent être prises pour arrêter en temps utile ceux qui s'approcheraient trop du chantier.

Après le départ du coup, un des ouvriers du chantier reviendra pour en constater les effets. S'il reste de l'explosif dans le trou de mine, le travail d'abatage ne peut être repris que sur l'ordre de l'ingénieur de la mine ou d'un surveillant.

ARTICLE 174. — Le tirage simultané dans un chantier de plus de quatre coups de mine ne peut se faire qu'à l'électricité.

On ne doit pas laisser un coup de mine chargé au voisinage d'un autre coup, dont l'explosion pourrait l'enflammer.

ARTICLE 175. — Lorsqu'un coup de mine qui n'a pas été tiré à l'électricité n'a pas fait explosion, le chantier est consigné pendant une durée de une heure au moins.

Avis immédiat doit en être donné à un agent de la surveillance.

L'emplacement des coups râtés est repéré et le coup doit être dégagé avec les précautions prévues à l'article suivant.

ARTICLE 176. — Les trous de mine faits en remplacement de coups râtés sont percés sur l'indication d'un surveillant ou d'un boutefeu qui donnera, s'il y a lieu, les instructions utiles aux ouvriers du poste suivant.

Ils ne peuvent être placés qu'à une distance du premier telle qu'il existe au moins 20 centimètres d'intervalle entre l'ancienne charge et les nouveaux trous.

Il est également interdit de creuser un nouveau trou passant à moins de 20 centimètres d'un trou ayant fait canon ou d'un fond de trou, sauf quand on a la certitude qu'il n'y est pas resté d'explosifs.

L'enlèvement des déblais du second coup doit se faire avec les précautions propres à éviter la détonation des explosifs qui auraient pu être projetés.

Article 177. — Il est interdit d'approfondir les trous ayant fait canon, ainsi que les fonds de trous restés intacts après l'explosion, d'en retirer les cartouches ou portions de cartouches non brûlées, qui pourraient y être restées, ou d'en entreprendre le curage.

Article 178. — Les trous qui ont fait canon ou les fonds de trous peuvent être rechargés, sous la réserve que l'opération soit effectuée par des ouvriers expérimentés, sous une surveillance spéciale, après un intervalle d'une demi-heure au moins. Une boule d'argile grasse doit être introduite au fond du trou, et la nouvelle cartouche enfoncée très doucement, de manière à éviter tout choc.

Section II

Emploi des explosifs dans les mines grisouteuses ou poussiéreuses

Article 179. — Dans les mines grisouteuses ainsi que dans les mines poussiéreuses de première et deuxième catégories et dans les quartiers suspects visés à l'article 131 l'emploi de la poudre noire est interdit.

Aucun autre explosif ne peut y être employé que sous les conditions fixées par un arrêté du Ministre des Travaux publics.

Article 181. — Dans les mines grisouteuses et dans les mines poussiéreuses de première et deuxième catégories, le chargement et le bourrage des coups de mine ne peuvent être effectués que par des boutefeux spéciaux non intéressés dans le travail du chantier ou en leur présence et sous leur surveillance ; l'allumage est fait exclusivement par les boutefeux. En cas d'éloignement trop grand d'un chantier, l'ingénieur de la mine peut désigner, par écrit, un ouvrier de choix pour faire fonctions de boutefeu dans le chantier où il est occupé.

Il est interdit dans les mêmes mines de confier des explosifs à des ouvriers ne remplissant pas les fonctions de boutefeu.

Article 182. — Dans les mines grisouteuses, l'allumage des coups de mine ne peut avoir lieu qu'à l'Electricité, à moins d'une autorisation du service local. Aucun coup de mine ne peut être tiré avant que le boutefeu ou l'ouvrier en faisant fonctions ait constaté, par une visite minutieuse, l'absence de gaz.

Cette visite doit être faite immédiatement avant l'allumage de chaque coup ou le tir de chaque volée.

Article 183. — Dans les mines poussiéreuses de première et deuxième catégories, il est interdit de tirer plus d'un coup de mine à la fois autrement que par l'électricité.

TITRE XI

Incendies souterrains et dégagements instantanés de gaz nuisibles

Article 184. — Les salles de machines souterraines où se trouvent des appareils mûs par la vapeur doivent être revêtues de matériaux incombustibles. Les ingrédients servant au graissage et au nettoyage ne peuvent être conservés que dans des récipients métalliques ou des niches maçonnées avec portes métalliques. Les déchets gras ayant servi doivent être mis dans des boîtes métalliques et enlevées régulièrement.

Article 187. — Lorsqu'un incendie éclate au fond, tout ouvrier qui le constate doit, si possible, tenter de l'éteindre et prévenir dans le plus bref délai le service le plus proche.

Si un feu vient à se déclarer dans une mine où les lampes de sûreté ne sont pas obligatoires, il est interdit de travailler dans le voisinage du feu avec des lampes autres que des lampes de sûreté. L'ingénieur de la mine fait indiquer par des écriteaux bien visibles les limites qu'on ne peut franchir sans employer ces lampes dans les conditions prévues pour les mines à grisou.

Article 188. — L'installation de barrages et l'ouverture de régions précédemment isolées par des barrages ne peuvent être effectuées qu'en présence d'un surveillant.

Pour l'exécution de ces travaux, les ouvriers doivent être munis de lampes de sûreté et des mesures doivent être prises pour que les gaz qui pourraient se dégager ne puissent s'allumer dans le parcours du courant d'air.

Dans les mines qui disposent d'appareils respiratoires, une équipe de sauvetage se tiendra à proximité des travaux.

TITRE XII

Emploi de l'électricité dans les travaux souterrains

Article 198. — Dans tous les locaux où se trouvent des installations électriques de deuxième catégorie, on disposera en des endroits facilement accessibles des crochets isolants, des pinces isolantes ou tout autre matériel approprié pour porter secours à des personnes victimes d'un accident dû à l'électricité.

Section IV

Salles de machines, sous-stations et postes de transformation

Article 205. — . . . .
Des sacs ou seaux remplis de sable doivent être tenus en réserve dans les salles de machines et sous-stations diverses pour permettre l'extinction des incendies

Article 206. — . . . .
Les locaux non gardés doivent être fermés à clé. Des écriteaux très apparents sont apposés partout où il est nécessaire pour prévenir les ouvriers de l'interdiction et du danger d'y pénétrer.

Section VI

Traction par l'électricité

Article 211. — Dans les galeries où il est fait usage de la traction par l'électricité, le courant doit être coupé pendant la circulation à pied du personnel et pendant les travaux d'entretien, à moins que les conducteurs de prise du courant ne soient placés à 2 m. 20 au moins de hauteur au-dessus du rail ou qu'ils ne soient protégés, exception faite des croisements ou bifurcations spécialement désignés sur place au personnel d'une manière très apparente.

L'interruption du courant n'est pas obligatoire lorsque la circulation à pied a lieu par un passage matériellement séparé des conducteurs aériens

Section VII

Tir électrique

Article 212. — Les courants de deuxième catégorie ne peuvent être utilisés pour le tir des coups de mine.

Article 213. — Si le courant nécessaire au tir est emprunté au réseau général, des précautions seront prises pour que les fils d'allumage ne puissent être intempestivement mis en contact avec les canalisations du réseau.

Le circuit d'allumage doit comporter une prise de courant et un interrupteur coupant tous les fils de dérivation et maintenant automatiquement la coupure sauf, au moment du tir. La prise de courant et l'interrupteur sont placés dans une boîte dont le boutefeu ou l'ouvrier préposé au tir auront seuls la clé.

Les fils d'allumage ne doivent être reliés à cette boîte qu'au moment du tir et en être détachés aussitôt après.

ARTICLE 214. — S'il est fait usage d'exploseurs portatifs, l'organe de manoeuvre doit être à la disposition exclusive du surveillant ou de l'ouvrier préposé au tirage qui ne le mettra en place qu'au moment d'allumer les coups.

ARTICLE 215. — Il est interdit, dans l'intérieur du circuit d'allumage, d'employer la terre comme partie du circuit.

SECTION VIII

Dispositions spéciales aux mines à grisou

ARTICLE 217. — Dans les mines à grisou, il ne peut être fait usage que d'exploseurs d'un type agréé par le Ministre des Travaux publics.

Les exploseurs doivent être solidement construits et constamment entretenus en bon état.

ARTICLE 218. — . . . .
L'emploi des signaux électriques doit être immédiatement suspendu, si le grisou apparaît en quantité supérieure à 0,75 % aux abords de l'installation ou en un point quelconque du circuit d'aérage entre l'installation et le puits d'entrée d'air.

TITRE XIII

Hygiène des chantiers

ARTICLE 222. — Il est interdit de souiller la mine par des déjections.

On ne peut s'exonérer au fond que dans les tinettes mobiles, dans des wagons, ou dans des remblais que l'ingénieur des travaux a désignés comme suffisamment secs.

Les tinettes sont tenues en constant état de propreté.

Les tinettes et les wagons sont nettoyés au jour.

ARTICLE 223. — De l'eau, de bonne qualité pour boisson, est mise à la disposition du personnel au fond et au jour. Pour le fond, une consigne de l'ingénieur de la mine indique, suivant les besoins, les conditions de la distribution.

ARTICLE 225. — Toute personne en état d'ivresse doit être immédiatement expulsée de la mine et de ses dépendances.

DÉCRET DU 14 JANVIER 1909

règlementant l'exploitation des mines

ARTICLE 15. — . . . .
. . . .
Toute personne admise à pénétrer dans la mine, à quelque titre que ce soit, est tenue de se conformer aux prescriptions desdits règlements et instructions, ainsi qu'aux instructions qui lui seraient données par le directeur, les ingénieurs et préposés, en vue d'assurer la sécurité de l'exploitation et l'hygiène du personnel.

RÉCÉPISSÉ

—o•o•o•o—

Je soussigné, reconnais avoir reçu de la
SOCIÉTÉ des HOUILLÈRES de RONCHAMP
(Haute-Saône) un Extrait du Décret du 13 Août
1911 portant Règlement Général sur l'Exploitation
des Mines de Combustibles, destiné au personnel
ouvrier.

Le..191 .

Nom ....

Prénoms ....

Service ....

www.ingramcontent.com/pod-product-compliance
Lightning Source LLC
Chambersburg PA
CBHW050402210326
41520CB00020B/6429